DK动物近距离

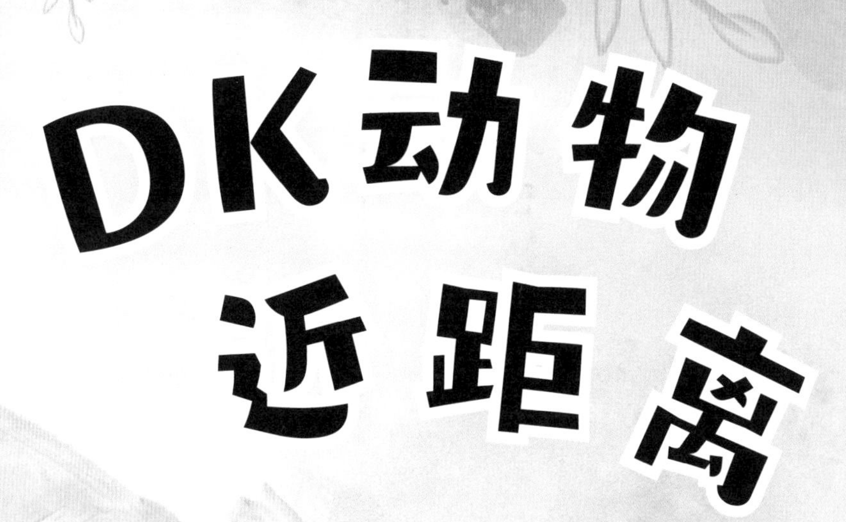

英国DK出版社 著
王浩 译

科学普及出版社
·北 京·

图书在版编目（CIP）数据

DK动物近距离 / 英国DK出版社著 ; 王浩译. —
北京 : 科学普及出版社, 2024.10
书名原文: Animals Up Close
ISBN 978-7-110-10753-9

Ⅰ. ①D… Ⅱ. ①英… ②王… Ⅲ. ①动物－青少年读物 Ⅳ. ①Q95-49

中国国家版本馆CIP数据核字(2024)第091531号

策划编辑 邓 文
责任编辑 王 帆
图书装帧 金彩恒通
责任校对 焦 宁
责任印制 徐 飞

科学普及出版社出版
北京市海淀区中关村南大街16号 邮政编码：100081
电话：010-62173865 传真：010-62173081
http://www.cspbooks.com.cn
中国科学技术出版社有限公司发行
北京顶佳世纪印刷有限公司承印
开本：889毫米×1194毫米 1/16 印张：5 字数：100千字
2024年10月第1版 2024年10月第1次印刷
ISBN 978-7-110-10753-9/Q・311
印数：1—6000册 定价：59.80元

（凡购买本社图书，如有缺页、倒页、
脱页者，本社销售中心负责调换）

www.dk.com

目录

陆地

空中

水下

多胡须的伶鼬

这种**生活在森林中**的动物是世界上体形最小的毛茸茸的猎手。

伶鼬和豚鼠差不多大，却是个**凶猛的猎手**，可以猎捕体形比它大十倍的猎物！伶鼬有着**细长的身体和短短的四肢**，能够爬进狭窄的洞穴，穿过岩石缝隙**寻找猎物**。

敏感的胡须帮助伶鼬找到周围的路，尤其是在漆黑的**夜晚**和**地洞**里。

在寒冷时节，伶鼬**褪去背部棕色的毛**，长出白色的毛，这样它就更容易隐藏在雪地里，以此度过白雪皑皑的冬季。

沙漠蝎

沙漠中最危险的生物是蝎子。

蝎子用**带毒刺的尾巴**和**强有力的形似钳子的须肢**保护自己，**杀死猎物**，比如昆虫、蜥蜴和老鼠。即使**没有水**，它也可以在干旱的沙漠中生存数月，**靠一只昆虫作为食物**则可以生存一年以上。

蝎子尾巴末端有一根**又长又尖的毒刺**，可以向猎物注射**毒液**。被蝎子蜇伤是**非常疼**的。人类如果被某些种类的沙漠蝎蜇伤且没有及时处理，那么甚至会**造成死亡**。

游蛇

当它在森林里爬树时，闪亮的绿色鳞片把这条蛇“藏”了起来。

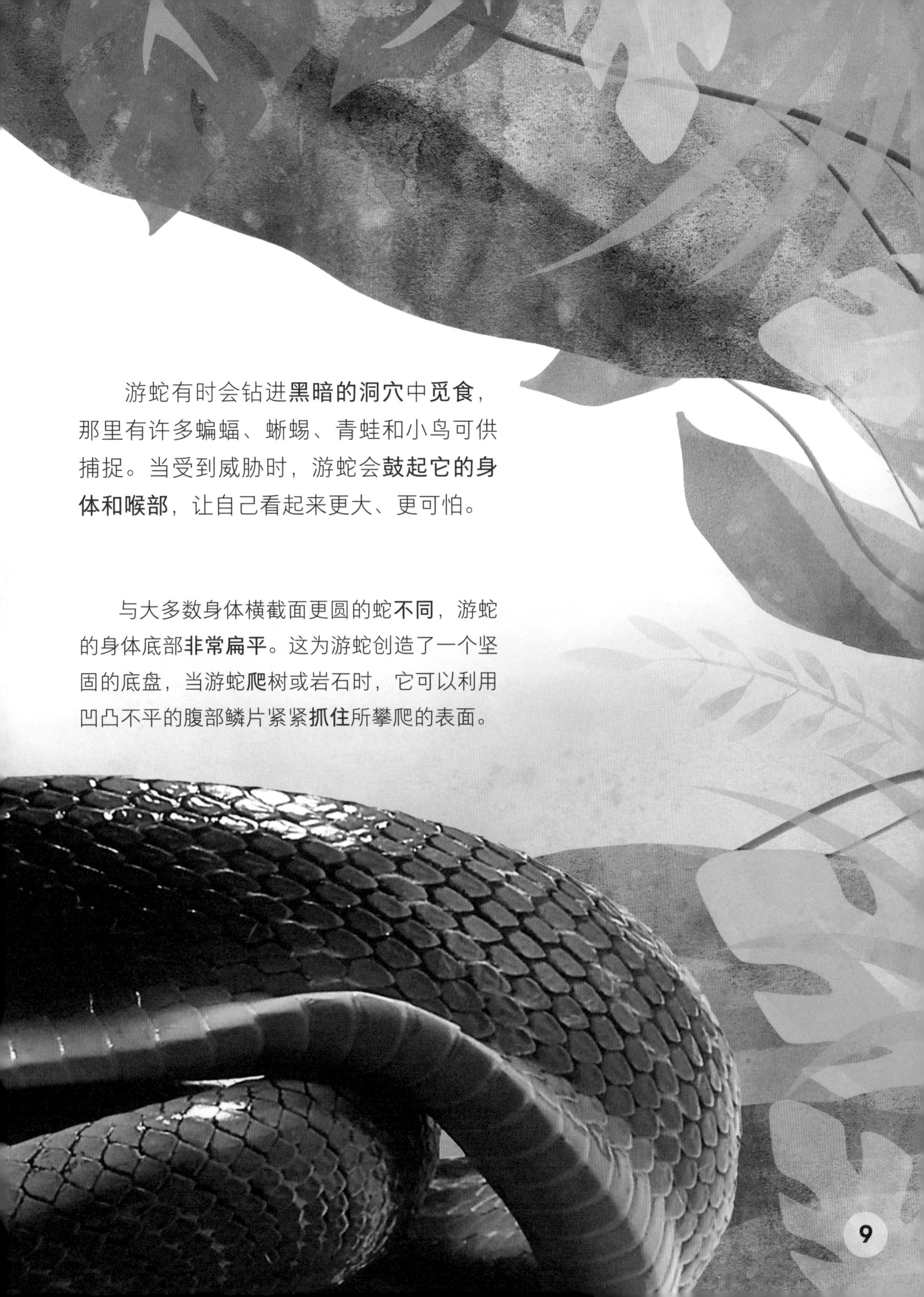

游蛇有时会钻进**黑暗的洞穴中觅食**，那里有许多蝙蝠、蜥蜴、青蛙和小鸟可供捕捉。当受到威胁时，游蛇会**鼓起它的身体和喉部**，让自己看起来更大、更可怕。

与大多数身体横截面更圆的蛇**不同**，游蛇的身体底部**非常扁平**。这为游蛇创造了一个坚固的底盘，当游蛇**爬**树或岩石时，它可以利用凹凸不平的腹部鳞片紧紧**抓住**所攀爬的表面。

巢鼠

田野和草地上高高的草丛是这只小巢鼠最喜欢的住所。

巢鼠**动作敏捷，善于攀爬**。它可以像森林里的猴子一样，从一株植物跳到另一株植物上。巢鼠整个夏天都在寻找**种子和水果**来填饱肚子。它吃掉**尽可能多**的食物，把身体养得胖胖的，为度过严寒时节做好准备。巢鼠会在**温暖的巢穴**里过冬。

巢鼠**长长的尾巴**几乎可以卷住任何东西。它的长尾巴就像一只灵巧的手，能够**抓住**物体，帮助**保持身体平衡**。巢鼠甚至能用尾巴**倒挂**在植物的茎上！

坚硬的陆龟

陆龟的寿命有多长？

有些陆龟已经200岁了！

科学家可以通过龟壳上的**环纹数量**来估算陆龟的年龄。

陆龟爬行非常缓慢，几乎不消耗什么能量。由于它的运动速度**太慢**，无法逃避敌人，因此，在遇到危险的时候，它会**把头缩进坚硬的壳里来自保**。图中这只陆龟通常生活在环境**十分干燥**的地方。在更冷的山区，陆龟会通过**冬眠**度过最寒冷的季节。

长长的爪子帮助陆龟在地面上**爬行**。

善于伪装的壁虎

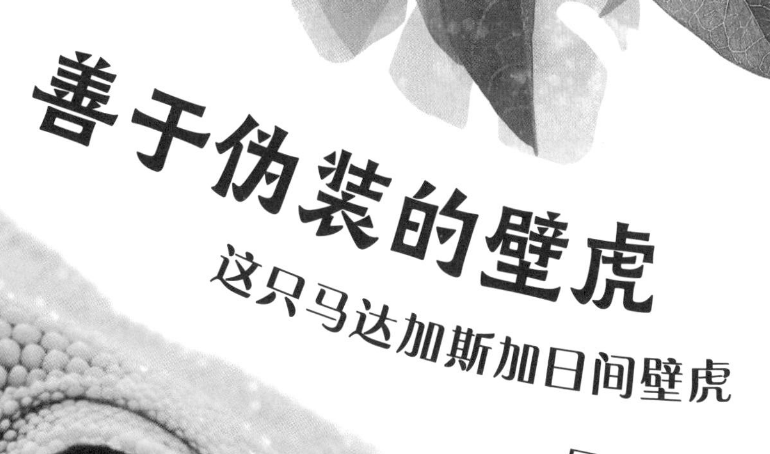

这只马达加斯加日间壁虎

是一位伪装大师。

这只壁虎周身布满**亮绿色的鳞片**，十分引人注目。但想发现它其实也很难——它的身影与浓绿的**热带雨林融为一体**。身为专业的攀爬者，壁虎能够依靠脚趾上特殊的**趾垫**黏附在**高高的树冠**的那些光滑的叶片上。

像**大多数壁虎**一样，图中这只壁虎没有眼睑，所以它不能眨眼睛。为了保持眼睛的**清洁和湿润**，它必须定期用舌头**舔自己的眼睛**。

虎纹钝口螈

这是一种奇特的生物，它在水中度过生命最开始的阶段，成年后则会离开水域，生活在陆地上。

离开水后，蝾螈必须生活在**潮湿的地方**，比如潮乎乎的落叶堆中或原木下。如果蝾螈**黏滑的皮肤**干了，它就会因窒息而死。

雌性蝾螈在水中产卵。卵孵化后，长着长尾巴的蝌蚪*出现了，它像鱼一样**通过鳃呼吸**。渐渐地，它长出了四条腿，鳃也被其体内用来**呼吸空气的肺取代**，为去**陆地上生活**做好了准备。

*编者注：蝌蚪为蛙、蟾蜍、蝾螈等两栖动物的幼体。

忙碌的花栗鼠

对于小型哺乳动物来说，
森林里的生活一点儿也不轻松。

花栗鼠大部分时间都在**收集种子**，为冬季做准备。因为那时天气**太冷**了，没办法找到食物。花栗鼠要收集足以度过六个月的食物。在收集过程中，它会把食物装进**脸颊的颊囊里**，一次能装下多达七颗橡子。

然而，如果花栗鼠身边总有**其他饥肠辘辘的动物**，**储存食物**可不是一件容易的事情。花栗鼠通常有大约一半的食物储备都会被其他动物**偷走**。

绿蟾蜍

这种两栖动物很常见，在全世界许多地区都可以找到。

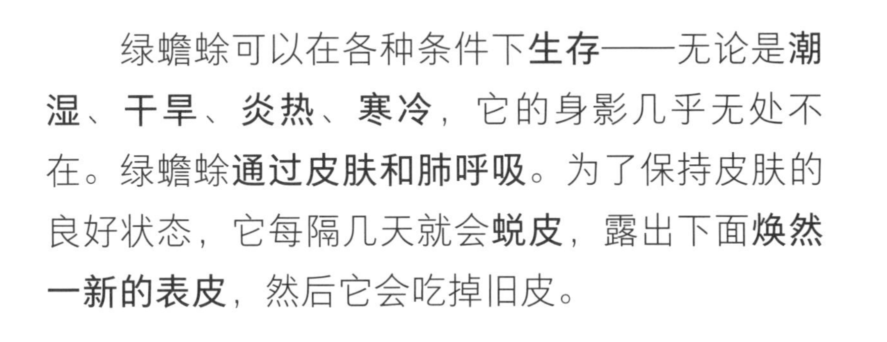

绿蟾蜍可以在各种条件下**生存**——无论是**潮湿**、**干旱**、**炎热**、**寒冷**，它的身影几乎无处不在。绿蟾蜍**通过皮肤和肺呼吸**。为了保持皮肤的良好状态，它每隔几天就会**蜕皮**，露出下面**焕然一新的表皮**，然后它会吃掉旧皮。

黑带二尾舟蛾毛虫

在鸟类看来，毛虫是一顿美味佳肴。为了保护自己，黑带二尾舟蛾毛虫上演了一场“可怕”的表演。

如果有敌人靠近，黑带二尾舟蛾毛虫就会把头缩进身体，在颈部周围鼓起一个**鲜红色的环**。环上的**两个黑点**看起来很像眼睛，使攻击者误以为这是一种可怕的红脸生物。它还会伸出尾巴上的**一对红色尾须**，并**喷射带有刺激性气味的酸液**，把敌人彻底吓跑。

毛虫身上**绿色和棕色的图案**帮助它隐藏在树枝和树叶间。

绿鬣蜥

沼泽上方长满叶子的树枝是绿鬣蜥享受日光浴的最佳场所。

遇到危险时，绿鬣蜥会跳入下方的水中，向安全的地方游去。绿鬣蜥的身体**覆盖着光滑鳞片**，能够快速移动；**强壮的后腿**能够帮助它在树干上攀爬、在树枝间跳跃。绿鬣蜥以植物为食，所以它不需要捕食猎物，但它必须要**躲避**饥饿的敌人的追捕。

绿鬣蜥的下巴处长**有松散的垂皮（喉扇）**，可以像扇子一样展开，用来**吓跑敌人**。

山鹑雏鸟

这只毛茸茸的山鹑雏鸟在孵化几个小时后就可以行走、奔跑了。

山鹑雏鸟的腿在膝部怪异地向前**弯曲**。但此处的“膝部”其实是它的**脚踝**。

它和兄弟姐妹一起离开巢，与父母**寻找食物**。山鹑父母**照料**、**保护**山鹑雏鸟，为它们**保暖**。山鹑雏鸟会和它的家人生活在一起，直到大约一岁的时候才离开。

柔软、蓬松的羽毛（绒羽）覆盖着山鹑雏鸟的身体，绒羽在山鹑雏鸟的身体表面形成一层空气层，**防止热量从皮肤散失**。

飞行壁虎

这种爬行动物生活在**雨林的高处**，可以在树木间滑翔。

飞行壁虎身侧的翼膜和脚趾间的**革质皮肤褶**可以**像降落伞**一样展开，使其能够在空中滑翔以**躲避危险**。

这只**飞行壁虎**主要**在凉爽的夜间活动。敏锐的视觉和听觉**帮助它在黑暗中捕食昆虫。

飞行壁虎能像涂了**胶水一般**牢牢地抓住树枝。它的每个脚趾的底部都布满**细小的纤毛**，当它的脚趾按在树枝上时，纤毛就会**贴在树枝微小的缝隙**中，让它稳稳地固定在那里。

狨猴用**锋利的爪子**抓住树枝，这样它就可以在树上**跳跃自如**。它可以用**前爪**拿着食物，这与人类的手有点儿像。

迷你狨猴

狨猴**体形小巧**，**速度极快**，非常适合在热带雨林中生活。

在森林的树梢之间**快速穿越**，可没有犯错的余地。狨猴习惯在林间跳跃，停下来时，它会**啃咬**树干，取食流出来的美味树胶。**细长的尾巴**能够帮助它保持平衡。迷你狨猴是**世界上最小的猴子**，它的重量还不及一个足球。

红带袖蝶毛虫

这只红带袖蝶（又名邮差蝶）毛虫身上的尖刺可以保护它免受捕食者的攻击。

当生长到一定时期，红带袖蝶毛虫会化为**蛹**。在蛹的硬壳里，毛虫的身体分解成液体，然后重新组合，最终**变成蝴蝶**。这种奇妙的变化被称为**变态**。

西番莲叶子是红带袖蝶毛虫最喜欢的食物。在变成蝴蝶之前，它可以吃掉相当于自身重量约**25000倍**的叶子。

树蛙

这只颜色鲜艳的绿色树蛙隐身于**热带雨林葱郁的叶丛**中。

这只树蛙不仅**躲过**了敌人的眼睛，也让它所捕食的猎物难以察觉它的存在。树蛙静静地等待着晚餐的到来。捕猎时，它迅速弹出**充满黏性的长舌头**捕捉昆虫。它嘴里还长着**非常细小的牙齿**，能够咬住体形较大的猎物以防其逃脱。

凸起的大眼睛可以看到头部周围的**全景**，帮助树蛙发现**活动着的昆虫**。

脚趾上长着**扁平、湿润的脚垫**，能够**吸附**在潮湿的树叶和光滑的树枝上。

寄居蟹

这只寄居蟹住在另一个动物的壳里。

寄居蟹腿上长有特殊的纤毛，帮助它探索周围环境。

与大多数螃蟹不同，寄居蟹的身体**修长而柔软**。它必须住在海螺的**空壳**里，把柔软而脆弱的身体**藏起来**，保护自己。寄居蟹可以把腿**伸出**壳外爬行，但**无论去哪里**，它都带着自己的家。

随着寄居蟹长大，原来的壳已经住不下了，**它必须搬到**另一个更大的壳里。在搬家前，它会**把爪子伸进**空壳里，测量一下新家的空间是否足够大。

奇异的海马

很难相信这只奇异的生物竟然是一条鱼！

海马在一天内可以吃掉多达3500只**小型甲壳动物**。**由于海马没有可容纳食物的胃部**，食物经过消化后很快就会从它的身体中排出。

海马的头像马，育儿袋像袋鼠，尾巴像猴子。海马通过**改变身体的颜色**来适应栖息地并躲避敌人。它一天中的大部分时间都在海藻和珊瑚礁间漂游，在此静静地**等待着猎物**，比如一只从它面前经过的触手可及的小虾。

海马用**强健有力的尾巴缠绕**住水中的物体，如珊瑚或**海藻**以免被激流冲走。

巨大的砗磲

在海底的这个巨大的贝壳里，生活着一种身体柔软滑腻的海洋生物。

贝壳边缘的斑点实际上是砗磲（chē qú）的眼点。这些眼点能**感知光线**，有助于砗磲发现捕食者并及时**关闭贝壳**，保护自己。

砗磲利用海水中的化学物质**制造贝壳**。在贝壳内，砗磲柔软的身体上生活着数百万计体形**微小的绿色藻类**，它们**吸收**砗磲的排泄物，砗磲则**以部分藻类为食**。砗磲的大部分食物都是通过这种方式从藻类获取的。

砗磲没有头，所以它不能像人类一样**通过头部呼吸和进食**。它的身体上有两个孔：**口状的孔**可以让富含氧气和食物的海水进入身体，**管状的孔**可以喷出废料。

漂浮的凯门鳄

这只小凯门鳄静静地漂浮在热带沼泽中。

凯门鳄**又圆又鼓的眼睛**长在头顶部，鼻孔的**末端有瓣膜**。因此，即使身体绝大部分没于水下，凯门鳄也能**视物和呼吸**。它的耳道外覆盖着**薄薄的皮肤**，可以防止水进入。

凯门鳄长着**坚固的牙齿**，很容易咬碎**昆虫**的外壳和**青蛙**的骨头。由于凯门鳄不能咀嚼，它必须**囫囵吞下**整个猎物。

花斑连鳍䲗

这种体色绚烂的花斑连鳍䲗（xián）通常在珊瑚礁间畅游。

花斑连鳍䲗的体表有**色彩鲜艳的斑纹**，对捕食者有警告作用，使自己免受伤害。它的身体会分泌**难闻的体表黏液**，帮助其御敌。它也可以通过**竖起背部有毒的鳍**吓跑更大的鱼。竖起背鳍能让它的体形看起来**更大**。

花斑连鳍䲗**身体各部位的大鳍**可用于保持身体平衡、转向及停止游动。

花斑连鳍䲗**身体两侧有一些小孔**，组成侧线。侧线系统能**感知水流情况**，帮助它探查周围的环境，**感知危险或发现食物**。

海蛇尾

与它的近亲海星一样，海蛇尾生活在岩质海底。

如果海蛇尾的腕断了，原位置上会长出**新的腕**；而断掉的腕会长成一只**全新的海蛇尾**。

这位“**五臂猎人**”用腕上的**棘刺**捕捉小生物，并把食物送进位于身体下方的嘴里。棘刺是海蛇尾**骨骼**的一部分。腕的末端可以感知光线的明暗。

招潮蟹

当潮水退去后，这只招潮蟹会从洞里爬出来，到沙滩上寻找食物。

每只招潮蟹在海边或沼泽边的滩涂都有自己的**领地**。雄性招潮蟹的**一只螯巨大**，**另一只**则很小。它用巨大的螯向雌蟹**发出求偶信号**，并与闯入其领地的雄蟹**搏斗**。

招潮蟹的眼睛长在细长的眼柄上，所以它可以从洞口向外窥视，**及时发现危险**。

招潮蟹用双螯**刮出一团团泥沙**，然后送进嘴里。食物**被筛选出来吃掉**，剩下的泥沙则被团成球状后丢弃。这些沙球被称为“拟粪”，意思是**假粪便**，有别于真正通过消化道从肛门排出的粪便。

海参

这种奇异的、柔软的海洋生物从珊瑚礁上缓慢爬过。

海参没有头，身体的一端是嘴，另一端则是用来**排泄废物的肛门**。受到惊吓时，海参会**释放防御敌人的毒素**。它也可以**从肛门喷射出内脏**来迷惑敌人。几周后，它会**长出一副新内脏**。

海参的嘴周围长着一圈**羽毛状的触手**，用于寻找珊瑚礁里的**微小动植物**，并将食物**送入口中**。

海参身上**明亮的条纹**实际上是许多**微小的管足**。管足末端的**吸盘**可以**吸附**住岩石，推动海参前进。

张牙舞爪的螯虾

螯虾是龙虾的近亲，通常栖息在湖泊或河流中的水草丛里。

螯虾长着**坚硬的外壳**，能够起到保护作用。它**巨大的前肢**被称为**螯**，用于防御和挖洞。它还可以**拍动尾巴**，在水中高速向后弹射。

如果螯虾的**步足或大螯断了**，会**长出新的附肢**来（新生的附肢会比较小）。一对螯有时候会不一样长，因为它们可能以不同的速度生长。

螯虾拥有小的**游泳足**，用于在水中游动。

聪明的章鱼

这种**海洋生物**是地球上最聪明的一种动物。

章鱼有**八条灵活的腕足**，腕足上长着**强有力的吸盘**，这能帮助章鱼**爬行**，并卷起牺牲品来诱捕更多猎物。章鱼会**用坚硬的喙咀嚼猎物**，并向其注射毒液和特殊的消化液，使其更容易食用。

随着章鱼的**情绪变化**，它的**体色也会改变**，将自己与周围环境**融为一体**。图中这只章鱼受到惊吓时会变成白色，兴奋时则会变成红色。

章鱼靠喷射推进它在水中运动。它将水填满体内的某一空间，然后通过漏斗管将水挤出，依靠**喷水的反作用力**，**推动**自己在水中前进。

海蛞蝓

虽然海蛞蝓（kuò yú）和花园里的蜗牛有亲缘关系，但是海蛞蝓没有壳。

从外观到形态，海蛞蝓都**很像一片叶子**。海蛞蝓取食的**藻类**会进入它的**皮肤**。在这里，藻类继续进行**光合作用，制造养料**。

虽然海蛞蝓**看起来很美味**，但它会分泌**一种气味十分难闻的液体**，这样捕食者就不会吃它了。

弹涂鱼

弹涂鱼很不寻常——
它是一种可以在陆地上行走的鱼。

弹涂鱼的鱼鳍很特别，因此它不仅可以游泳，还可以**行走、跳跃和攀爬**。实际上，弹涂鱼在陆地上捕食昆虫的速度**比在水中更快**。弹涂鱼的大部分时间都在**水外**度过，所以它需要**保持皮肤湿润**。当它的体表变得太干时，它会在水坑里打滚，并用打湿的鳍“擦脸”。

像所有的鱼一样，弹涂鱼通过鳃从水中摄取氧气来呼吸。为了**在陆地上呼吸**，弹涂鱼**将鳃周围的空间充满水**。这些空间就像氧气**罐**，为它在陆地上提供氧气。

巨嘴鸟大大的喙其实并没有看起来那么重，因为它的内部是中空的。喙外侧有许多**纵横交错的骨质**支撑着，使其非常坚固。

热带巨嘴鸟

这只鸟巨大的、彩虹般鲜艳的喙非常引人注目。

雨林中树木高处的树枝太细，不宜停在上面，巨嘴鸟便用它**巨大的喙**够到树梢的**浆果和种子**。喙的边缘十分**锋利**，可以撕碎水果。巨嘴鸟还会和同伴玩游戏——它们用喙互相**扔水果**！

飞翔的蜻蜓

蜻蜓有强有力的翅膀，使它能够以闪电般的速度在池塘等栖息地周围飞行。

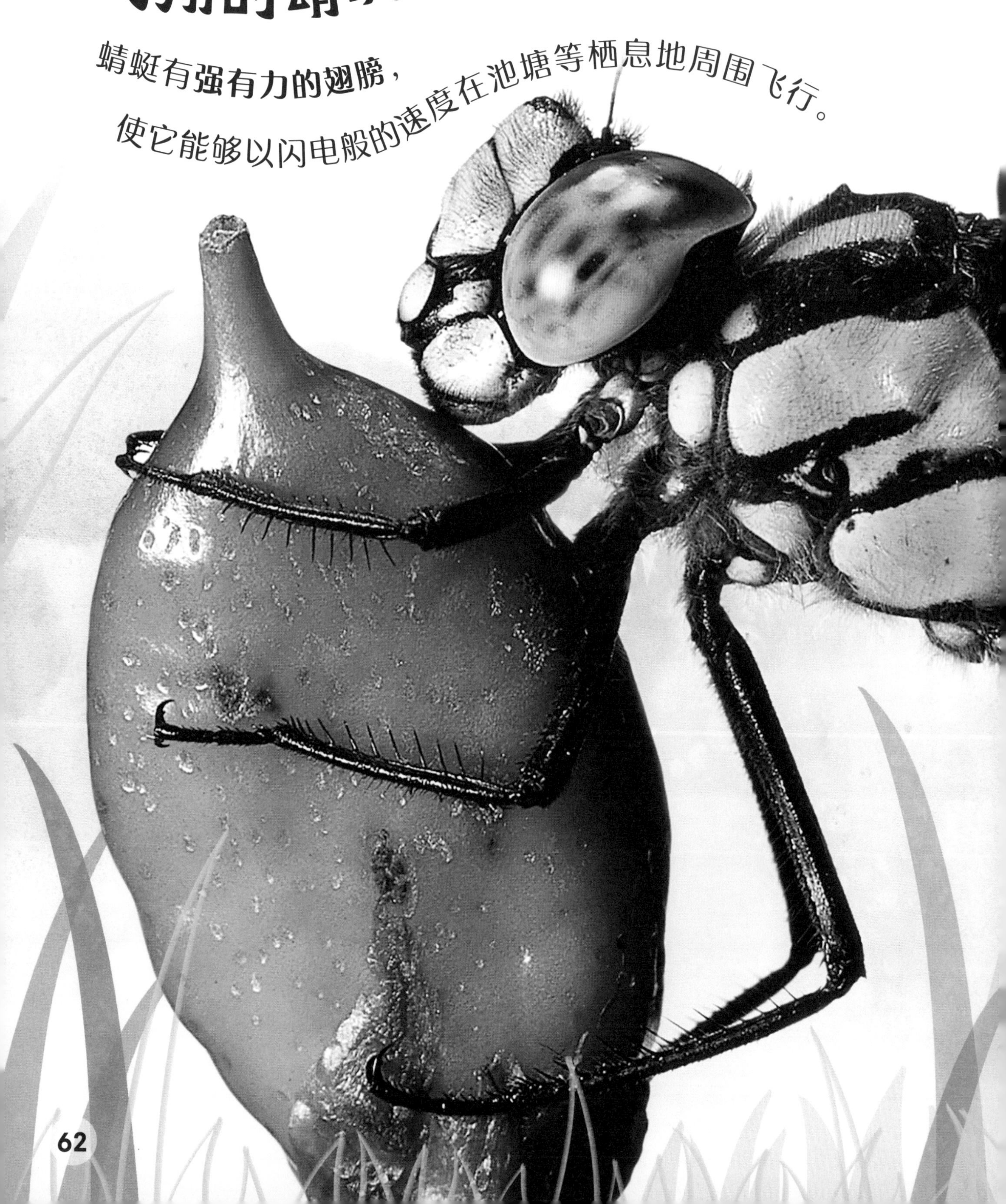

蜻蜓的翅膀每秒拍打约20次，推动蜻蜓高速前进。这有助于它追逐快速飞行的昆虫。与其他昆虫不同，蜻蜓能够**分别控制每对翅膀**，因此它能够做到精准飞行——悬停、倒飞、急转弯和急停。

蜻蜓可以在空中**长时间飞行**而**不着陆**，它常常**在飞行过程中捕食**。

当蜻蜓掠过水面时，**长长的身体**有助于它保持**平衡**。它的身体由**许多体节**组成。

鹦鹉**强健的喙**并没有固定在其头骨上，相反，喙的顶部就像一扇门板一样**可以与头部分开活动**，这使得鹦鹉更容易**抓取和吃掉食物**。

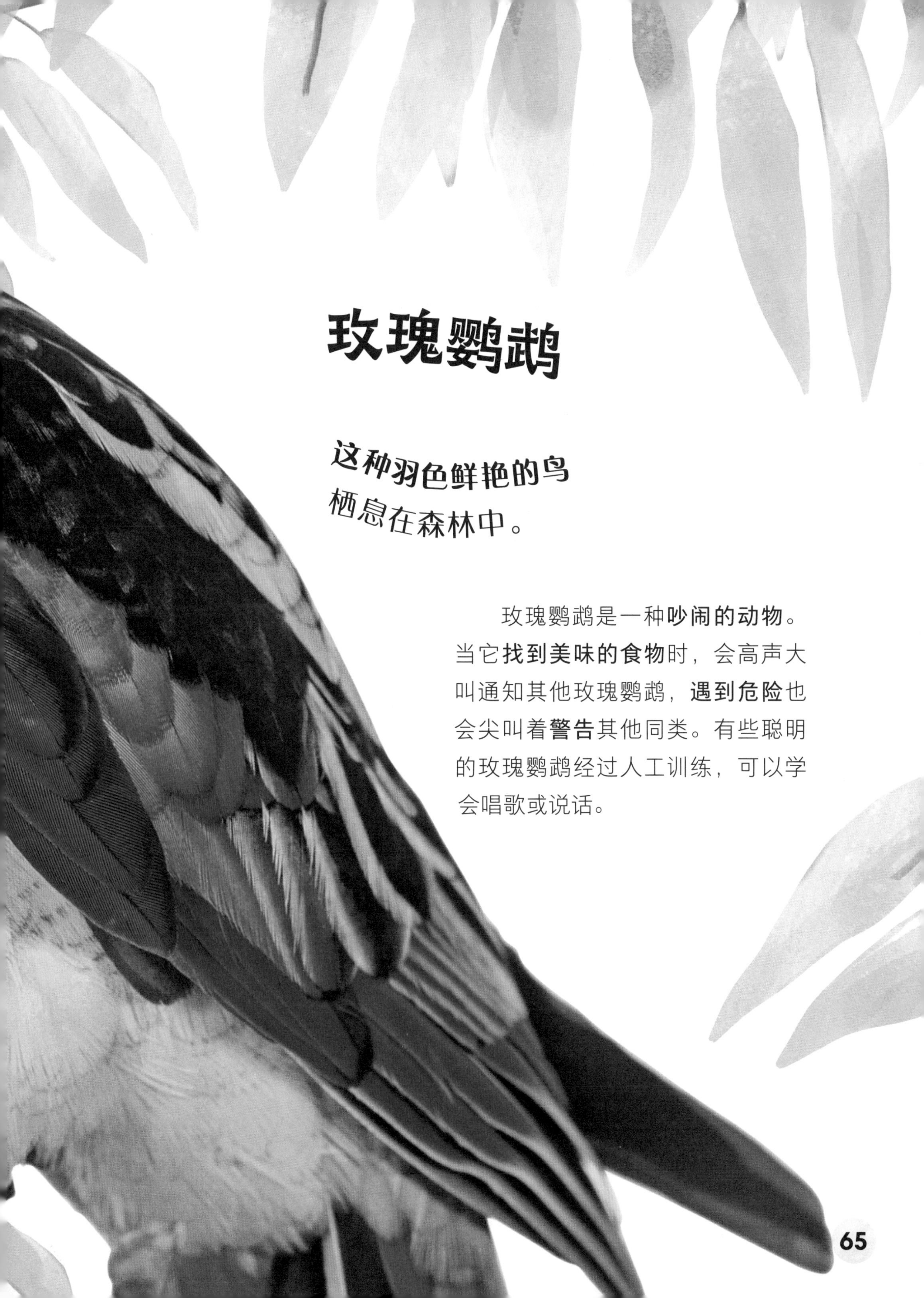

玫瑰鹦鹉

这种羽色鲜艳的鸟
栖息在森林中。

玫瑰鹦鹉是一种**吵闹的动物**。当它**找到美味的食物**时，会高声大叫通知其他玫瑰鹦鹉，**遇到危险**也会尖叫着**警告**其他同类。有些聪明的玫瑰鹦鹉经过人工训练，可以学会唱歌或说话。

凤蝶

这种美丽的昆虫有着鲜艳的体色和花纹，在阳光下翩翩起舞。

凤蝶分布在**世界各地**。它又被称为燕尾蝶，因为它的后翅有着**修长的尾突**，像**燕子的尾巴**一样。

凤蝶**以花蜜为食**，花蜜是一种花朵内部分泌的、香甜的含糖液体。凤蝶有着**长长的管状口器**，可以像用吸管喝饮料一样吮吸花蜜。不用时，**它会把口器卷起来**。

翅膀上**鲜红色的斑点**被称为**眼斑**，用来**迷惑敌人**，比如鸟类。鸟类以为这些眼斑是蝴蝶的眼睛，因此它们会向眼斑发起进攻。但实际上蝴蝶以**翅膀受损**为代价得以逃生。

绿色的羽毛有助于它在雨林中**伪装**自己。羽毛从鸟类的皮肤中生长出来，是由和**人类的指甲**、**头发**相同的物质构成的。

火簇拟鴷

这种生活在热带雨林中的鸟
得名于它喙部上方一簇像火焰一样耀眼的橙色羽毛。

虽然火簇拟鴷（liè）**是一种鸟**，但它发出的声音很像蝉鸣。它喜欢吃无花果，为了够到树梢上的无花果有时不得不倒挂在树枝上。**粗壮的喙**帮助它从树上**啄食果实**。

赤翅甲

你可能会把这只会飞的甲虫
误看作一架小小的红色“直升机”。

赤翅甲在春季和夏季飞来飞去，以**捕捉其他昆虫**为食。雌性赤翅甲在树皮的缝隙里产卵。破壳而出的**赤翅甲幼虫**以其他昆虫的幼虫为食。

薄薄的翅膀让甲虫可以在空中飞行。它体内有着特殊的飞行肌肉，可以使翅膀快速**上下振动**。

红色的鞘翅保护着**柔软的膜翅**，所以它们有良好的飞行条件。当甲虫准备飞行时，鞘翅会**向上摆动**，避开飞速拍打的膜翅。

火红的火烈鸟

火烈鸟刚孵化时只是一只灰扑扑的雏鸟，但它很快就会长出耀眼的羽毛。

火烈鸟**梦幻般的羽色**来自它吃的**粉色和橙色的小虾**。它的羽毛会在破壳而出的两年后变成**鲜艳的朱红色**。火烈鸟觅食时，会在沼泽和湖泊的浅水中缓缓踱步，一边用长腿搅动水底，一边滤食水中的生物。

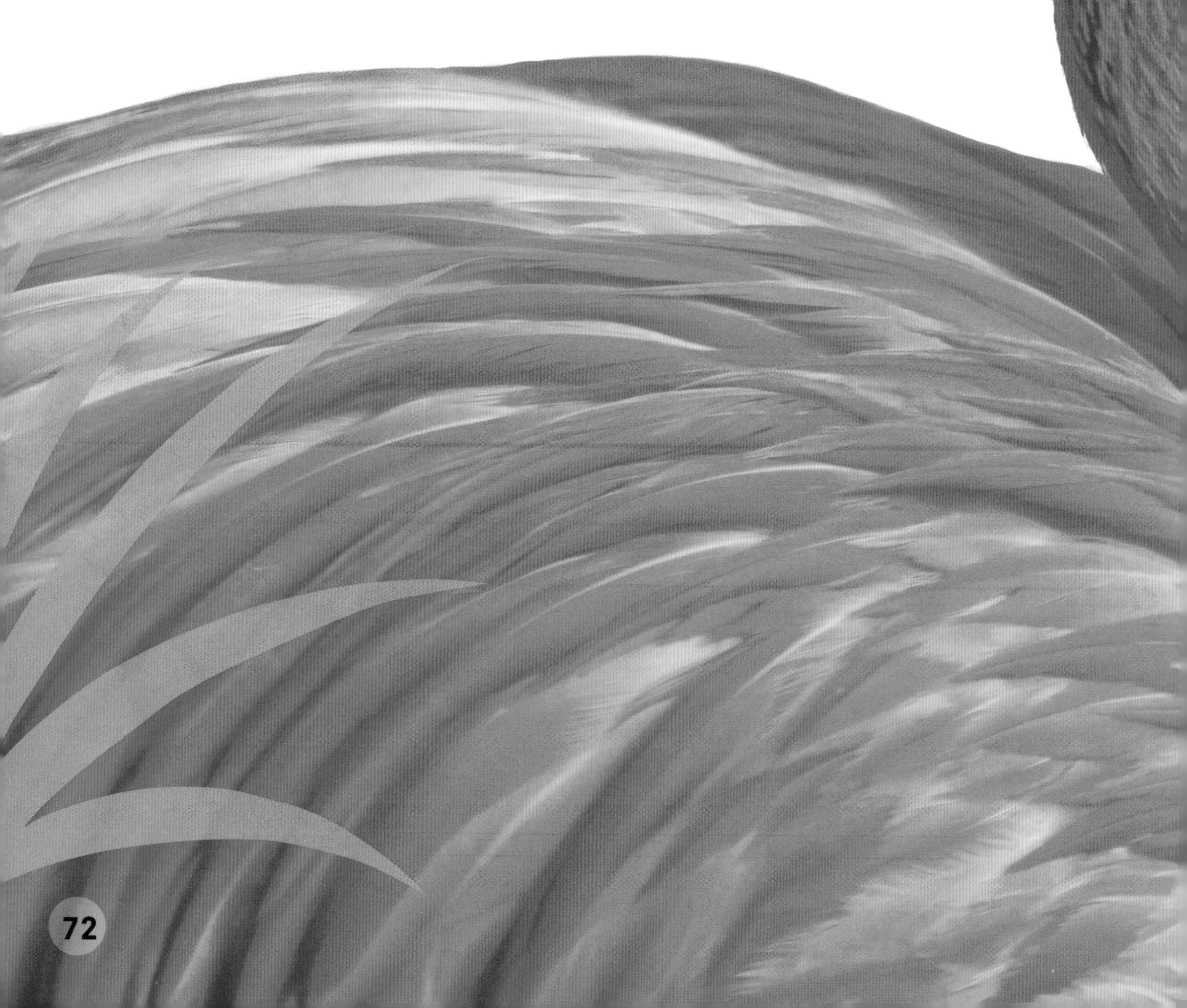

火烈鸟是**所有鸟类**中**脖子**与身体相比**最长**的。

火烈鸟的喙形状特别，**大大的、弯弯的**，能**舀水**。喙里长着**细条纹**，就像扫帚的刷毛一样，来**摄取**水中的动植物，供自己食用。

仓鸮

如果你在晚上突然听到一**声令人毛骨悚然的尖叫**，那可能是一只仓鸮发出的叫声。

仓鸮（xiāo）习惯在夜晚外出活动，捕食小型动物，如田鼠、鼩鼱和家鼠。它静悄悄地掠过地面，**仔细聆听**着四周的声音。一旦听到猎物的动静，它就**俯冲下来**，用大而有力的爪子**抓住猎物**。

仓鸮**圆圆的面部**有助于**将声音传入**头部两侧的耳朵。仓鸮的耳朵被羽毛覆盖着，不容易被发现，但它的**听力很敏锐**。

菊头蝠

这种哺乳动物在夜间捕捉猎物，它具备特殊的技能，可以在黑暗中寻找猎物。

菊头蝠的翅膀实际上是**由前肢骨骼（含指骨）支撑着皮膜构成**的。这与鸟类的翅膀大为不同，鸟类的翅膀是由臂骨组成的，表面覆盖着羽毛。

菊头蝠**通过吻鼻部的马蹄叶发出尖锐的高频声波**。这些声波被飞虫等猎物**反射**回来，蝙蝠接收到回声，便知道了猎物的位置。这一过程被称为**回声定位**，因为回声帮助蝙蝠定位（找到）了猎物。

术语表

螯
节肢动物的第一对足，状如钳子，用于取食、御敌。

变态
生物个体生长发育过程中的巨大形态变化。

捕食者
以捕捉其他动物为食的动物。

哺乳动物
一类有脊椎的动物，通常被覆皮毛，体温恒定，用乳汁哺育幼崽。

触手
用于触摸、捕食或闻气味的灵活的触角。

冬眠
动物通过休息或睡觉度过寒冷的冬季。

洞穴
动物在地上挖的洞，用来庇护或居住。

毒液
由某些动物产生的有毒液体，用来伤害猎物或保护自己免受敌人攻击。

肛门
身体排出粪便的开口。

光合作用
植物利用阳光来合成生物体生长所需要的能量。

回声定位
一种空间定位方法。动物发出声音，并通过回声来判断物体位置。

昆虫
一类有三对足，身体分为三部分的动物。

两栖动物
一类有脊椎的动物，生命历程的前半部分通常在水中度过，其余部分在陆地上度过。

猎物
被其他动物吃掉的动物。

领地

某一动物生活或狩猎的区域，它会保护自己的领地。

爬行动物

一类有脊椎的动物，产卵繁殖后代，通常身上覆盖鳞片。

喷射推进

在水中或空气中移动的方式。

栖息地

动植物生存的地方。

热带

地处赤道两侧，位于南北回归线之间的地带。

绒羽

一种柔软、蓬松的羽毛。

鳃

在水下呼吸的器官。

伪装

动物凭借特殊的体色或形状融入生存环境之中。

悬停

停留在空中。

营养物

对动植物的生存、生长和繁殖至关重要的物质。

幼虫

一些动物的幼体，如昆虫和两栖动物。

鱼

一类有脊椎的动物，通常生活在水中，用鳃呼吸。

雨林

热带地区的森林，降水量很大。

藻类

结构简单的植物样生物，多数生存于水中，如海藻。

沼泽

一种常年积水的栖息地。

致谢

DK would like to thank the following people for their assistance in producing this book:
Hélène Hilton for proofreading, Marie Lorimer for indexing, and Barbara Taylor, Theresa Greenaway, and Christiane Gunzi for the original text on which the book is based.

The publisher would like to thank the following for their kind permission to reproduce their photographs:

(Key: a-above; b-below/bottom; c-centre; f-far; l-left; r-right; t-top)

8-9 Dorling Kindersley: Natural History Museum, London / Frank Greenaway (bl). 10 Dorling Kindersley: Liberty's Owl, Raptor and Reptile Centre, Hampshire, UK (b). 18 Alamy Stock Photo: Felix Choo (bl). 28-29 Dorling Kindersley: Jerry Young (r). 42-43 Dorling Kindersley: Jerry Young. 44 123RF.com: Visarute Angkatavanich (c). 45 123RF.com: Visarute Angkatavanich. 46-47 Dorling Kindersley: Natural History Museum, London / Frank Greenaway (b). 52-53 Dorling Kindersley: Natural History Museum, London / Frank Greenaway (r). 52 Dorling Kindersley: Natural History Museum, London / Frank Greenaway (clb, tl). 72-73 Alamy Stock Photo: mohamed abdelrazek. 74-75 Dorling Kindersley: Natural History Museum, London / Frank Greenaway (br). 76 Dorling Kindersley: Natural History Museum / Frank Greenaway (tr). 76-77 Dorling Kindersley: Natural History Museum, London / Frank Greenaway (br)

Cover images: Spine: Dorling Kindersley: Jerry Young (cb)/ (Gecko)